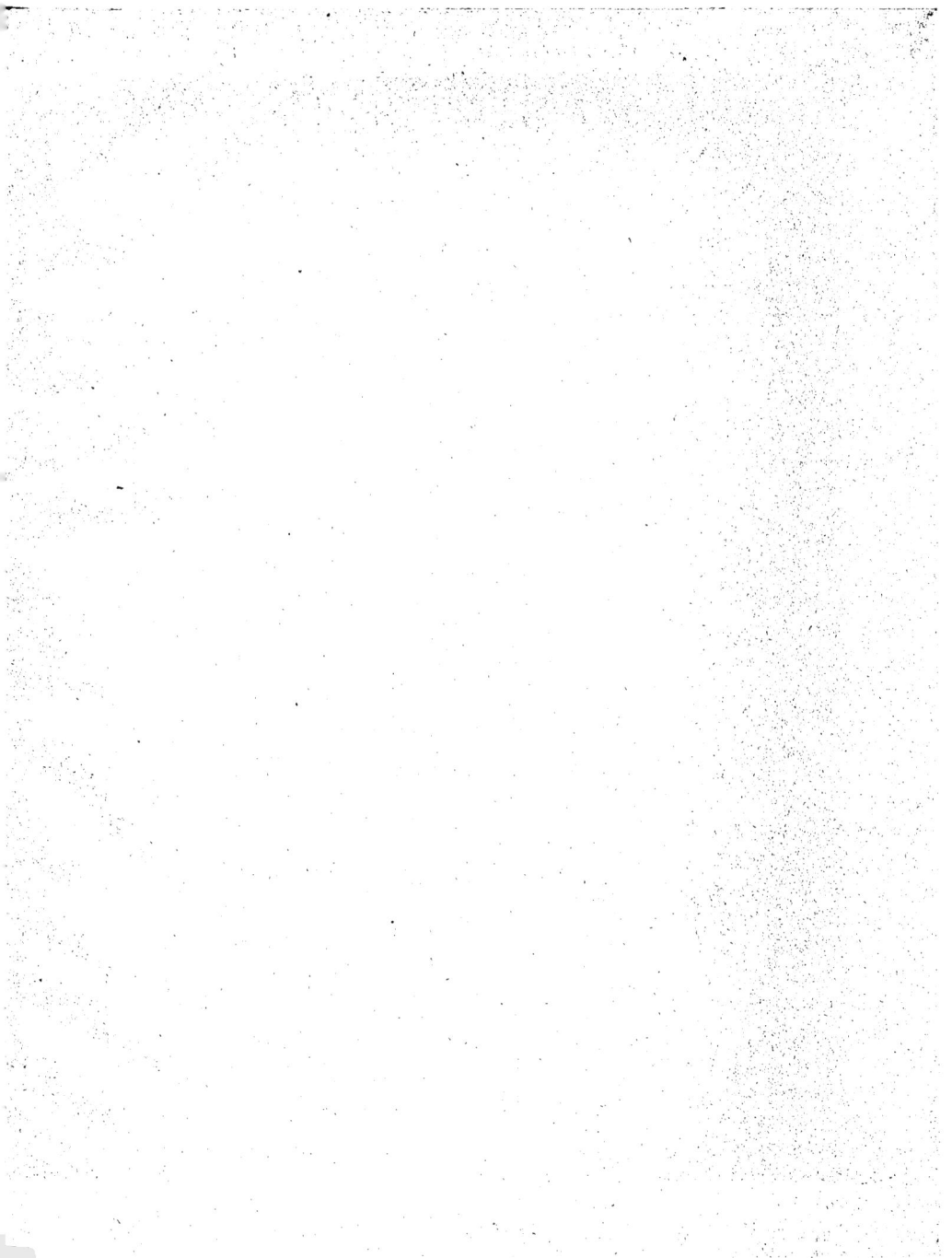

DISSERTATION

SUR LA

PROPAGATION DU SON

DANS LES

CORPS SOLIDES ÉLASTIQUES;

Par C. Cellérier,

LICENCIÉ ÈS-SCIENCES.

PARIS,
BACHELIER, IMPRIMEUR-LIBRAIRE,
QUAI DES AUGUSTINS, N° 55.

1839

DISSERTATION

SUR LA

PROPAGATION DU SON

DANS LES

CORPS SOLIDES ÉLASTIQUES.

1. Le calcul appliqué aux problèmes de Physique a pour but de déterminer les lois des actions qui peuvent s'exercer entre divers corps ou diverses parties d'un même corps.

Dans l'ordre physique, ces différents problèmes se classent d'après le genre d'action naturelle auquel ils s'appliquent, suivant qu'elle est mécanique, calorifique, etc. Mais quand il s'agit d'appliquer le calcul à ces questions, il se présente des rapprochements d'un tout autre ordre, résultant d'analogies entre les lois auxquelles on arrive. C'est ainsi que les questions de la propagation du son, et de celle de la chaleur dans les corps solides, se traitent d'une manière semblable, tout-à-fait différente des méthodes employées pour la Mécanique céleste.

Les objets naturels se présentent sous une forme très complexe; leurs propriétés sont infiniment diversifiées. Il n'existe pas de corps dans toute l'étendue duquel la densité ou la température soient rigoureusement les mêmes. On est obligé d'omettre une foule de circonstances secondaires dans la recherche des lois physiques. Par exemple, on considérera les corps à peu près homogènes, comme s'ils l'étaient rigoureusement. Pour qu'on puisse le faire, il est cependant essentiel que ces circonstances secondaires soient réparties irrégulièrement, de sorte que leurs effets concourant tantôt dans un sens, tantôt dans l'autre, se détruisent réciproquement. C'est ainsi que dans la Mécanique céleste, les nombreuses inégalités périodiques des éléments planétaires se compensent à peu près les unes les autres, sauf dans le cas où une relation particulière entre les moyens mouvements, faisant concourir pendant long-temps dans le même sens une action ordinairement passagère, donne à l'inégalité qui en résulte une durée et une amplitude considérable, comme cela a lieu pour Jupiter et Saturne.

Dans les théories mathématiques du son, de la chaleur, les inconnues qu'on cherche ne sont point particulières à un point ou un corps unique, comme dans l'Astronomie, où ce sont les coordonnées d'un corps céleste.

Ici, au contraire, elles s'étendent à tout un corps, et varient dans son étendue.

Elles doivent contenir, en général, quatre variables et se déterminer par des équations aux différentielles partielles.

Le procédé qu'on emploie pour obtenir ces équations est assez uniforme. On considère une parcelle très petite du corps, de forme arbitraire. Si x, y, z, sont les coordonnées d'un de ses points, u, v, etc., les valeurs correspondantes des inconnues, $x + x', y + y', z + z'$ les coordonnées d'un autre point très voisin du premier, x', y', z', seront très petits, et la valeur des inconnues pour le second point est donnée par une série très convergente. Ainsi, u y devient

$$u + x'\frac{du}{dx} + y'\frac{du}{dy} + z'\frac{du}{dz} + \frac{x'^2}{2}\frac{d^2u}{dx^2} + \ldots$$

On néglige, en général, les termes du second ordre.

Par cette formule, on connaîtra la valeur de u dans toute l'étendue de la parcelle que l'on considère, et dans les points voisins, au moyen de celle qui correspond aux coordonnées x, y, z, et de ses différences partielles; et l'on en pourra déduire, en fonction de ces quantités, l'action que subit une très petite partie du corps. Dans la théorie de la chaleur, cette action est un échange de calorique, et la variation qui en résulte pendant un instant infiniment petit dt doit être égale à la variation du de l'inconnue, ce qui donne l'équation du problème.

Dans la théorie du son, les actions que l'on considère sont des forces qui produisent l'équilibre ou le mouvement. Les lois de ce mouvement ou de cet équilibre donnent les relations cherchées. Voici, très en abrégé, et avec quelques simplifications, la principale méthode qu'on emploie à cet effet. (Voyez le XXe cahier du *Journal de l'École Polytechnique.*)

2. Les corps sont formés de molécules séparées par des espaces vides et agissant mutuellement par des forces attractives ou répulsives. Dans les corps cristallisés, les molécules affectent une disposition symétrique. Dans les autres, elle est tout-à-fait irrégulière en tous sens.

Considérons un corps non cristallisé, de densité et de température uniforme, dont les molécules ne soient soumises qu'à leur action mutuelle, et restent en équilibre. Si l'on fait agir des forces étrangères sur le corps, les coordonnées x, y, z, d'une molécule se changeront en $x+u, y+v, z+w$; il faudra déterminer u, v, w, en fonction de x, y, z, et, s'il y a mouvement, du temps t. On doit d'abord s'occuper du cas où les nouvelles forces font équilibre aux actions moléculaires; on en déduit celui du mouvement par le principe de d'Alembert. Il importe d'abord de calculer la pression ou l'action mutuelle de deux parties contiguës du corps.

Menons par le point O, dont les coordonnées sont x, y, z, un plan parallèle à celui de xy, et une ligne parallèle à l'axe des z, dans le sens des z positives. Élevons dans le sens opposé un cylindre perpendiculaire au plan, sur lequel il a pour base une surface ω très petite, quoique très grande par rapport au rayon d'activité des forces moléculaires, et renfermant le point O. Nous nommerons C ce cylindre, et A la partie du corps située de l'autre côté du plan. Dans l'état primitif du corps, l'action de A sur C est évidemment dirigée suivant l'axe des z. Il n'en est plus de même après le changement. Mais on peut facilement estimer l'action totale des mêmes molécules qui étaient comprises dans les parties A et C.

Désignons par $f(r)$ la répulsion qui a lieu entre deux molécules à la distance r; si la répulsion se changeait en attraction, la fonction $f(r)$ deviendrait négative. Si les coordonnées primitives d'une molécule de C sont $x+\xi, y+\eta, z+\zeta$, ses déplacements suivant les trois axes u', v', w'; $x+\xi+x', y+\eta+y', z+\zeta+z', u'', v'', w''$, les quantités analogues pour une molécule de A, et r' leur distance après le mouvement, l'action de la première sur la seconde tendant à augmenter les coordonnées de celle-ci, aura les trois composantes

$$\frac{x'+u''-u'}{r'}f(r'), \quad \frac{y'+v''-v'}{r'}f(r'), \quad \frac{z'+w''-w'}{r'}f(r').$$

Les quantités $x', y', z', \xi, \eta, \zeta$, sont fort petites à cause de la petitesse du rayon d'activité de la force $f(r)$. On aura donc, en négligeant leurs produits et leurs carrés,

$$u'=u+\xi\frac{du}{dx}+\eta\frac{du}{dy}+\zeta\frac{du}{dz}, \quad u''=u+(\xi+x')\frac{du}{dx}+(\eta+y')\frac{du}{dy}+(\zeta+z')\frac{du}{dz},$$

et par conséquent on a de même

$$\left.\begin{aligned} u''-u' &= x'\frac{du}{dx}+y'\frac{du}{dy}+z'\frac{du}{dz} \\ v''-v' &= x'\frac{dv}{dx}+y'\frac{dv}{dy}+z'\frac{dv}{dz} \\ w''-w' &= x'\frac{dw}{dx}+y'\frac{dw}{dy}+z'\frac{dw}{dz} \end{aligned}\right\} . \quad (A)$$

Si l'on désigne par ωP, ωQ, ωR les composantes dans le sens des x, y, z positifs, de l'action totale exercée par les molécules de C sur celles de A, après le changement, on aura

$$\omega P=\sum\frac{x'+u''-u'}{r'}f(r'), \quad \omega Q=\sum\frac{y'+v''-v'}{r'}f(r'), \quad \omega R=\sum\frac{z'+w''-w'}{r'}f(r'),$$

les sommes Σ s'étendant à toutes les molécules de C et de A. Cette somme peut être réduite.

Il est d'abord évident que chacune des molécules de C situées à une même distance $\zeta = -h$ du plan de séparation exercera la même action sur la partie A tout entière ; cela permet de calculer la somme Σ comme si toutes les molécules de C étaient placées sur l'axe de C à la même distance du plan de séparation qu'auparavant. Si ensuite on donne à z' une valeur déterminée, on verra que les termes de Σ correspondant à cette valeur de z' et à toutes celles de x' et y' sont répétés autant de fois qu'il y a de molécules de C à une distance du point O moindre que z'; de sorte qu'en nommant V ce nombre, la somme $\sum \frac{x'+u''-u'}{r'} f(r')$ se changera en celle-ci :

$$\sum \frac{x'+u''-u'}{r'} \mathrm{V} f(r'),$$

en ne l'étendant qu'aux molécules de A, et prenant pour x', y', z', leurs coordonnées par rapport au point O. Il en est de même des sommes $\omega \mathrm{Q}$, $\omega \mathrm{R}$.

La quantité V est le nombre de molécules comprises dans un cylindre dont la hauteur est z', la base ω, le volume $\omega z'$; si donc ce nombre est n dans l'unité de volume, on devra faire

$$\mathrm{V} = n\omega z'.$$

Après ces réductions, on aura

$$\mathrm{P} = n\sum \frac{(x'+u''-u')z'}{r'} f(r'), \quad \mathrm{Q} = n\sum \frac{(y'+v''-v')z'}{r'} f(r'),$$
$$\mathrm{R} = n\sum \frac{(z'+w''-w')z'}{r'} f(r').$$

Ici r' est donné par l'équation

$$r'^2 = (x'+u''-u')^2 + (y'+v''-v')^2 + (z'+w''-w')^2.$$

Si l'on suppose u, v, w très petits, qu'on néglige leurs carrés on aura, en faisant

$$r^2 = x'^2 + y'^2 + z'^2.$$

$$r' = r + \frac{1}{r}\left[x'(u'' - u') + y'(v'' - v') + z'(w'' - w')\right],$$

$$\frac{f(r')}{r'} = \frac{f(r)}{r} + \frac{d.\frac{f(r)}{r}}{rdr}\left[x'(u'' - u') + y'(v'' - v') + z'(w'' - w')\right],$$

$$P = n\sum \frac{(x' + u'' - u')z'}{r} f(r) + n\sum \frac{x'z'[x'(u''-u') + y'(v''-v') + z'(w''-w')]}{r} \frac{d.\frac{f(r)}{r}}{dr},$$

$$Q = n\sum \frac{(y' + v'' - v')z'}{r} f(r) + n\sum \frac{y'z'[x'(u''-u') + y'(v''-v') + z'(w''-w')]}{r} \frac{d.\frac{f(r)}{r}}{dr},$$

$$R = n\sum \frac{(z' + w'' - w')z'}{r} f(r) + n\sum \frac{z'^2[x'(u''-u') + y'(v''-v') + z'(w''-w')]}{r} \frac{d.\frac{f(r)}{r}}{dr},$$

3. Il résulte de l'égale répartition des molécules que les termes des sommes Σ qui contiennent des puissances impaires de x', y', se détruisent deux à deux, et que les sommes $\Sigma x'^2 z'^2 \frac{d.\frac{f(r)}{r}}{rdr}$ et... $\Sigma y'^2 z'^2 \frac{d.\frac{f(r)}{r}}{rdr}$ sont égales. Si donc on substitue dans ces valeurs de P, Q, R, celles de $u'' - u'$, $v'' - v'$, $w'' - w'$ données par les équations (A), elles se réduisent à

$$P = nF\frac{du}{dz} + nG\left(\frac{du}{dz} + \frac{dw}{dx}\right),$$

$$Q = nF\frac{dv}{dz} + nG\left(\frac{dv}{dz} + \frac{dw}{dy}\right),$$

$$R = nF\left(1 + \frac{dw}{dz}\right) + nG\left(\frac{du}{dx} + \frac{dv}{dy}\right) + nH\frac{dw}{dz},$$

en faisant

$$F = \sum \frac{z'^2}{r} f'(r), \quad G = \sum \frac{x'^2 z'^2}{r} \frac{d.\frac{f(r)}{r}}{dr}, \quad H = \sum \frac{z'^4}{r} \frac{d.\frac{f(r)}{r}}{dr}.$$

La somme F ne doit pas dépendre de la direction de l'axe des z, ainsi l'on doit avoir

$$\sum \frac{z'^2}{r} f(r) = \sum \frac{y'^2}{r} f(r) = \sum \frac{x'^2}{r} f(r);$$

d'où l'on déduit

$$F = \frac{1}{3} \sum \frac{x'^2 + y'^2 + z'^2}{r} f(r) = \frac{1}{3} \Sigma r f(r).$$

La somme Σ ne s'étend ici qu'à un seul côté du plan de séparation; on pourra l'étendre aux deux ou dans tous les sens autour du point O, et prendre

$$F = \frac{1}{6} \Sigma r f(r).$$

Si l'on mène par le point O trois nouveaux axes, que x_1, y_1, z_1, soient les coordonnées correspondantes à x', y', z', on devra avoir évidemment, en étendant les sommes Σ aux coordonnées positives et négatives,

$$\sum \frac{x_1^4}{r} \frac{d.\frac{f(r)}{r}}{dr} = \sum \frac{y_1^4}{r} . \frac{d.\frac{f(r)}{r}}{dr} = \sum \frac{z_1^4}{r} . \frac{d.\frac{f(r)}{r}}{dr} = 2\text{H},$$

$$\sum \frac{x_1^2 z_1^2}{r} . \frac{d.\frac{f(r)}{r}}{dr} = \sum \frac{x_1^2 y_1^2}{r} . \frac{d.\frac{f(r)}{r}}{dr} = \sum \frac{y_1^2 z_1^2}{r} . \frac{d.\frac{f(r)}{r}}{dr} = 2\text{G}.$$

Si dans $\sum \frac{z'^4}{r} . \frac{d.\frac{f(r)}{r}}{dr}$, on fait

$$z' = ax_1 + by_1 + cz_1,$$

$a^2 + b^2 + c^2$, étant égal à 1, il vient

$$\text{H} = \text{H} (a^4 + b^4 + c^4) + 6\text{G} (a^2b^2 + a^2c^2 + b^2c^2).$$

On a d'ailleurs

$$1 - (a^4 + b^4 + c^4) = a^2b^2 + a^2c^2 + b^2c^2,$$

ce qui donne

$$3\text{G} = \text{H}.$$

Ensuite

$$\sum r^4 . \frac{d.\frac{f(r)}{r}}{rdr} = \sum x'^4 . \frac{d.\frac{f(r)}{r}}{rdr} + \sum y'^4 . \frac{d.\frac{f(r)}{r}}{rdr} + \sum z'^4 . \frac{d.\frac{f(r)}{r}}{rdr}$$

$$+ \sum x'^2 y'^2 . \frac{d.\frac{f(r)}{r}}{rdr} + \sum y'^2 z'^2 . \frac{d.\frac{f(r)}{r}}{rdr} + \sum x'^2 z'^2 . \frac{d.\frac{f(r)}{r}}{rdr},$$

ou

$$6\text{H} + 12\text{G} = 10\text{H} = \sum r^3 . \frac{d.\frac{f(r)}{r}}{dr}.$$

Si l'on fait

$$\text{M} = \frac{n}{6} \Sigma r f(r), \quad \text{N} = \frac{n}{30} \sum r^3 . \frac{d.\frac{f(r)}{r}}{dr},$$

les valeurs de P, Q, R, se réduisent à

$$\left.\begin{aligned} \text{P} &= \text{M}\frac{du}{dz} + \text{N}\left(\frac{du}{dz} + \frac{dw}{dx}\right), \\ \text{Q} &= \text{M}\frac{dv}{dz} + \text{N}\left(\frac{dv}{dz} + \frac{dw}{dy}\right), \\ \text{R} &= \text{M}\left(1 + \frac{dw}{dz}\right) + \text{N}\left(\frac{du}{dx} + \frac{dv}{dy} + 3\frac{dw}{dz}\right). \end{aligned}\right\} \quad (\text{B})$$

4. Si l'on ne suppose pas la normale au plan de séparation parallèle à l'axe des z, mais qu'elle fasse avec ceux des x, y, z, des angles dont les cosinus soient a, b, c, il faudra prendre cette normale et deux autres lignes pour axes de nouvelles coordonnées x', y', z'; nommons u', v', w', P′, Q′, R′, les déplacements et les pressions estimés suivant ces axes. Nous aurons, en prenant la normale pour axe des z',

$$\begin{aligned} z' &= ax + by + cz, & u' &= a''u + b''v + c''w, \\ y' &= a'x + b'y + c'z, & v' &= a'u + b'v + c'w, \\ x' &= a''x + b''y + c''z, & w' &= au + bv + cw. \end{aligned}$$

Si l'on change x, y, z, u, v, w, dans les seconds membres des équations (B), en x', y', z', u', v', w', elles donneront la valeur de P′, Q′, R′. On y substituera les valeurs précédentes, en observant que $\frac{du'}{dz'} = a\frac{du'}{dx} + b\frac{du'}{dy} + c\frac{du'}{dz}$; il en est de même des autres différentielles P, Q, R, qui sont données par les équations

$$\begin{aligned} P &= a''P' + a'P' + aR', \\ Q &= b''P' + b'Q' + bR', \\ R &= c''P' + c'Q' + cR'. \end{aligned}$$

On trouvera les valeurs suivantes :

$$\left.\begin{aligned} P = M&\left[\left(1 + \frac{du}{dx}\right)a + b\frac{du}{dy} + c\frac{du}{dz}\right] \\ &+ N\left[a\left(3\frac{du}{dx} + \frac{dv}{dy} + \frac{dw}{dz}\right) + b\left(\frac{du}{dy} + \frac{dv}{dx}\right) + c\left(\frac{du}{dz} + \frac{dw}{dx}\right)\right] \\ Q = M&\left[a\frac{dv}{dx} + b\left(1 + \frac{dv}{dy}\right) + c\frac{dv}{dz}\right] \\ &+ N\left[a\left(\frac{du}{dy} + \frac{dv}{dx}\right) + b\left(3\frac{dv}{dy} + \frac{du}{dx} + \frac{dw}{dz}\right) + c\left(\frac{dv}{dz} + \frac{dw}{dy}\right)\right] \\ R = M&\left[a\frac{dw}{dx} + b\frac{dw}{dy} + c\left(1 + \frac{dw}{dz}\right)\right] \\ &+ N\left[a\left(\frac{du}{dz} + \frac{dw}{dx}\right) + c\left(\frac{du}{dx} + \frac{dv}{dy} + 3\frac{dw}{dz}\right) + b\left(\frac{dv}{dz} + \frac{dw}{dy}\right)\right] \end{aligned}\right\} (C$$

5. Supposons que l'on mène par le point dont les coordonnées sont x, y, z, un très petit parallélépipède dont les trois arètes adjacentes à ce point soient dirigées dans le sens des x, y, z, positifs, et aient des longueurs l, l', l''. On peut supposer ces longueurs très grandes en comparaison du rayon d'activité des forces moléculaires.

Les molécules contiguës à la face ll' agiront sur le parallélépipède après le déplacement, avec des forces Pll', Qll', Rll', données par les équations (B). Sur la face parallèle à ll', il s'exercera des actions contraires aux premières et égales à

$$-\left(P + \frac{dP}{dz}l''\right)ll', \quad -\left(Q + \frac{dQ}{dz}l''\right)ll', \quad -\left(R + \frac{dR}{dz}l''\right)ll'.$$

L'ensemble de ces pressions donne les forces

$$-\frac{dP}{dz}ll'l'', \quad -\frac{dQ}{dz}ll'l'', \quad -\frac{dR}{dz}ll'l''.$$

Si l'on nomme P_1, Q_1, R_1, P_2, Q_2, R_2, les composantes des pressions exercées sur des plans parallèles à ceux des xz et des yz, on a encore les forces

$$-\frac{dP_1}{dy}\,ll'l'', \quad -\frac{dQ_1}{dy}\,ll'l'', \quad -\frac{dR_1}{dy}\,ll'l'',$$
$$-\frac{dP_2}{dx}\,ll'l'', \quad -\frac{dQ_2}{dx}\,ll'l'', \quad -\frac{dR_2}{dx}\,ll'l''.$$

Si en outre des forces X, Y, Z, parallèles aux axes, agissent en ce point, elles deviendront, en les étendant à tout le parallélépipède,

$$X\rho ll'l'', \quad Y\rho ll'l'', \quad Z\rho ll'l'',$$

ρ étant la densité; les équations d'équilibre seront

$$\left.\begin{aligned} X\rho &= \frac{dP}{dz} + \frac{dP_1}{dy} + \frac{dP_2}{dx}, \\ Y\rho &= \frac{dQ}{dz} + \frac{dQ_1}{dy} + \frac{dQ_2}{dx}, \\ Z\rho &= \frac{dR}{dz} + \frac{dR_1}{dy} + \frac{dR_2}{dx}. \end{aligned}\right\} \quad (D)$$

Les quantités P_1, Q_1, R_1, P_2, Q_2, R_2, se déduisent facilement des équations (B) par de simples permutations, ou des formules (C), dont elles sont un cas particulier.

Les équations du mouvement s'en déduisent en changeant X, Y, Z, en

$$X - \frac{d^2u}{dt^2}, \quad Y - \frac{d^2v}{dt^2}, \quad Z - \frac{d^2z}{dt^2},$$

d'après le principe de d'Alembert.

6. Il y a des équations particulières relatives à la surface. Nommons X', Y', Z', les composantes de la pression extérieure qui agit sur un point de cette surface, et tend à en augmenter les coordonnées; au même point, désignons par a, b, c, les cosinus des angles que fait avec les axes la partie extérieure de la normale, et suivant sa partie intérieure, construisons un petit cylindre assez prolongé, pour qu'à l'autre extrémité la densité soit la même qu'à l'in-

térieur du corps. Les quantités M et N y seront aussi les mêmes, et les équations (C) y auront lieu. Les molécules contiguës aux parois de ce cylindre n'exerceront pas sur lui d'action sensible; il est évident que les composantes normales à la surface des forces qu'elles pourraient produire se détruisent deux à deux, et les forces tangentielles seraient proportionnelles au volume du cylindre, et négligeables en comparaison des pressions que supportent ses extrémités. L'équilibre entre ces pressions donne les équations

$$X' + P = o, \quad Y' + Q = o, \quad Y' + R = o; \quad (E)$$

P, Q, R, étant donnés par les équations (C).

7. On a supposé, dans tout ce qui précède, que les molécules, à l'intérieur du corps, étaient également réparties dans tous les sens. On peut le supposer lorsque le corps est homogène, non cristallisé, et qu'aucune force n'agit à la surface; dans cet état, les équations (E) montrent qu'on a $P = Q = R = o$ à la surface, et par conséquent dans tout le corps; il faut pour cela que M ou $\frac{n}{6} \Sigma\, rf(r)$ soit $= o$.

Si maintenant on fait agir sur la surface une pression normale égale à p, on aura à la surface

$$P = ap, \quad Q = bp, \quad R = cp.$$

Il faudra d'ailleurs faire $M = o$ dans les valeurs de P, Q, R, dans les équations (D); et de plus $X = o$, $Y = o$, $Z = o$.

Alors, si p est constant, on satisfera à toutes les conditions en prenant $\frac{du}{dx} = \frac{dv}{dy} = \frac{dw}{dz} = -\delta$, et les autres différentielles $\frac{du}{dy}$, etc. nulles.

Pour déterminer δ, on a l'équation

$$p + N\delta = o.$$

Elle montre que $\frac{N}{p}$ est fort grand et N négatif.

La condensation, dans ce nouvel état, est égale partout et en tout sens, de sorte qu'on peut le prendre comme état primitif dans les formules (D) et (E). Mais la quantité M n'est plus nulle. En faisant u, v, w, X, Y, Z, nuls; $X' = -ap$, $Y' = -bp$, $Z' = -cp$, il vient

$$M = p.$$

La constante M sera donc, pour les corps peu compressibles, insensible par rapport à N.

8. Si dans les équations du mouvement qui dérivent des formules (C), on remplace P, Q, etc., par leurs valeurs, et qu'on fasse X, Y, Z = o, il vient, en nommant ρ la densité,

$$\left.\begin{aligned}
\rho\,\frac{d^2u}{dt^2} &= -(M+N)\left(\frac{d^2u}{dx^2}+\frac{d^2u}{dy^2}+\frac{d^2u}{dz^2}\right)-2N\frac{d.}{dx}\left(\frac{du}{dx}+\frac{dv}{dy}+\frac{dw}{dz}\right),\\
\rho\,\frac{d^2v}{dt^2} &= -(M+N)\left(\frac{d^2v}{dx^2}+\frac{d^2v}{dy^2}+\frac{d^2v}{dz^2}\right)-2N\frac{d.}{dy}\left(\frac{du}{dx}+\frac{dv}{dy}+\frac{dw}{dz}\right),\\
\rho\,\frac{d^2w}{dt^2} &= -(M+N)\left(\frac{d^2w}{dx^2}+\frac{d^2w}{dy^2}+\frac{d^2w}{dz^2}\right)-2N\frac{d.}{dz}\left(\frac{du}{dx}+\frac{dv}{dy}+\frac{dw}{dz}\right).
\end{aligned}\right\}\ (F)$$

Les intégrales les plus générales de ces équations donneront la loi de la propagation du son dans un corps supposé indéfini.

Il est facile de trouver les valeurs générales de u, v, w, en intégrales sextuples, et l'on peut voir dans un Mémoire de M. Poisson (*Mémoires de l'Académie des Sciences*, tom. X), quel est le dernier degré de réduction dont elles sont susceptibles. Le procédé employé à cet effet consiste à multiplier la quantité qui est sous le signe de l'intégration par une exponentielle dans laquelle le coefficient de la variable est négatif; cela permet souvent d'intégrer sous forme finie, quand on ne l'aurait pu autrement. Ensuite dans le résultat, on suppose nulle ou infiniment petite la valeur jusqu'ici indéterminée du coefficient, et l'exponentielle étant égale à l'unité, on a, sous forme finie, l'intégrale donnée.

Il m'a paru qu'on pouvait arriver aux mêmes résultats par de simples transformations d'intégrales au moyen d'intégrations par parties; voici comment on y parviendra.

D'abord, pour former les valeurs complètes de u, v, w, supposons qu'à un instant donné, on ait

$$\left.\begin{array}{lll} u = f(x, y, z), & v = f'(x, y, z), & w = f''(x, y, z), \\ \frac{du}{dt} = F(x, y, z), & \frac{dv}{dt} = F'(x, y, z), & \frac{dw}{dt} = F''(x, y, z). \end{array}\right\} (1)$$

Le corps étant supposé indéfini en tout sens, ces équations auront lieu pour toutes les valeurs positives et négatives de x, y, z; elles détermineront la position de chaque molécule, de même que la grandeur et la direction de sa vitesse, en un mot, l'état complet du corps; nous supposerons connues les six fonctions ci-dessus, et nous prendrons pour état initial celui où elles ont lieu, de sorte qu'elles seront les valeurs particulières de $u, v, w, \frac{du}{dt}, \frac{dv}{dt}, \frac{dw}{dt}$, correspondant à $t = 0$.

9. Si l'on fait

$$\frac{du}{dx} + \frac{dv}{dy} + \frac{dw}{dz} = s,$$

on trouvera, en différentiant la première des équations (F), par rapport à x, la seconde par rapport à y, la troisième par rapport à z, et les ajoutant,

$$\rho \frac{d^2s}{dt^2} = -(M + 3N)\left(\frac{d^2s}{dx^2} + \frac{d^2s}{dy^2} + \frac{d^2s}{dz^2}\right) \quad (2)$$

Si l'on fait, pour abréger,

$$\frac{df(x, y, z)}{dx} + \frac{df'(x, y, z)}{dy} + \frac{df''(x, y, z)}{dz} = \varphi(x, y, z),$$
$$\frac{dF(x, y, z)}{dx} + \frac{dF'(x, y, z)}{dy} + \frac{dF''(x, y, z)}{dz} = \psi(x, y, z),$$

de sorte que $\varphi(x, y, z)$ et $\psi(x, y, z)$ soient les valeurs initiales de s, et de plus

$$M + 3N = -a^2\rho;$$

a sera réel, parce que $\frac{N}{M}$ est très grand et N négatif. L'intégrale de l'équation (2) sera

$$s = \frac{1}{4\varpi}\int_0^{2\varpi}\int_0^{\varpi}\psi(x+at\cos\theta, y+at\sin\theta\cos\omega, z+at\sin\theta\sin\omega)\,t\sin\theta d\theta d\omega$$
$$+\frac{1}{4\varpi}\frac{d.}{dt}\int_0^{2\varpi}\int_0^{\varpi}\varphi(x+at\cos\theta, y+at\sin\theta\cos\omega, z+at\sin\theta\sin\omega)\,t\sin\theta d\theta d\omega;$$

ϖ étant le rapport de la circonférence au diamètre.

Faisons ensuite

$$u = u' + \frac{dp}{dx}, \quad v = v' + \frac{dp}{dy}, \quad w = w' + \frac{dp}{dz}, \quad (3)$$

u', v', w', p, étant indéterminés; en mettant ces valeurs dans les équations (F) nous aurons

$$\rho\frac{d^2u'}{dt^2} + (\mathrm{M}+\mathrm{N})\left(\frac{d^2u'}{dx^2}+\frac{d^2u'}{dy^2}+\frac{d^2u'}{dz^2}\right)$$
$$+\frac{d.}{dx}\left[\rho\frac{d^2p}{dt^2}+(\mathrm{M}+3\mathrm{N})\left(\frac{d^2p}{dt^2}+\frac{d^2p}{dx^2}+\frac{d^2p}{dz^2}\right)+2\mathrm{N}\left(\frac{du'}{dx}+\frac{dv'}{dy}+\frac{dw'}{dz}\right)\right]=0,$$

et deux autres semblables.

La quantité p peut être prise arbitrairement, on peut supposer

$$\rho\frac{d^2p}{dt^2} = -(\mathrm{M}+3\mathrm{N})\left(\frac{d^2p}{dx^2}+\frac{d^2p}{dy^2}+\frac{d^2p}{dz^2}\right),$$

équation qui donne p au moyen de deux fonctions arbitraires $\varphi'(x, y, z)$ et $\psi'(x, y, z)$. On peut faire

$$\frac{d^2\varphi'}{dx^2}+\frac{d^2\varphi'}{dy^2}+\frac{d^2\varphi'}{dz^2}=\varphi(x,y,z), \quad \frac{d^2\psi'}{dx^2}+\frac{d^2\psi'}{dy^2}+\frac{d^2\psi'}{dz^2}=\psi(x,y,z). \quad (4)$$

Il en résultera

$$\frac{d^2p}{dx^2}+\frac{d^2p}{dy^2}+\frac{d^2p}{dz^2}=s;$$

et par conséquent

$$\frac{du'}{dx}+\frac{dv'}{dy}+\frac{dw'}{dz}=0.$$

Les équations qui déterminent u', v', w', se réduisent en faisant

M + N = $-\, b^2 \rho$ à

$$\left.\begin{aligned}
\frac{d^2u'}{dt^2} &= b^2\left(\frac{d^2u'}{dx^2} + \frac{d^2u'}{dy^2} + \frac{d^2u'}{dz^2}\right),\\
\frac{d^2v'}{dt^2} &= b^2\left(\frac{d^2v'}{dx^2} + \frac{d^2v'}{dy^2} + \frac{d^2w'}{dz^2}\right),\\
\frac{d^2w'}{dx^2} &= b^2\left(\frac{d^2w'}{dx^2} + \frac{d^2w'}{dy^2} + \frac{d^2w'}{dz^2}\right).
\end{aligned}\right\} \quad (5)$$

On a, pour $t = 0$, d'après les équations (3),

$$u' = f(x,\ y,\ z) - \frac{d\varphi'(x,\ y,\ z)}{dx}, \quad v' = f'(x,\ y,\ z) - \frac{d\varphi'(x,\ y,\ z)}{dy},$$
$$w' = f''(x,\ y,\ z) - \frac{d\varphi'(x,\ y,\ z)}{dz},$$
$$\frac{du'}{dt} = \mathrm{F}(x,\ y,\ z) - \frac{d\psi'(x,\ y,\ z)}{dx}, \quad \frac{dv'}{dt} = \mathrm{F}'(x,\ y,\ z) - \frac{d\psi'(x,\ y,\ z)}{dy},$$
$$\frac{dw'}{dt} = \mathrm{F}''(x,\ y,\ z) - \frac{d\psi'(x,\ y,\ z)}{dz}.$$

Les valeurs u', v', w', résultant des équations (5), sont par là entièrement déterminées; en les ajoutant à $\frac{dp}{dx}$, $\frac{dp}{dy}$, $\frac{dp}{dz}$, on aura la valeur

$$\begin{aligned}
u = {} & \frac{1}{4\pi}\int_0^{2\pi}\int_0^{\pi} \mathrm{F}(x + bt\cos\theta,\ y + bt\sin\theta\cos\omega,\ z + bt\sin\theta\sin\omega)\, t\sin\theta d\theta d\omega\\
& + \frac{1}{4\pi}\frac{d.}{dt}\int_0^{2\pi}\int_0^{\pi} f(x + bt\cos\theta,\ y + bt\sin\theta\cos\omega,\ z + bt\sin\theta\sin\omega)\, t\sin\theta d\theta d\omega\\
& + \frac{1}{4\pi}\frac{d.}{dx}\int_0^{2\pi}\int_0^{\pi} [\psi'(x + at\cos\theta,\ y + at\sin\theta\cos\omega,\ z + at\sin\theta\sin\omega)\\
& - \psi'(x\ 4\ bt\cos\theta,\ y + bt\sin\theta\cos\omega,\ z + bt\sin\theta\sin\omega)]\, t\sin\theta d\theta d\omega\\
& + \frac{1}{4\pi}.\frac{d.}{dxdt}\int_0^{2\pi}\int_0^{\pi} [\varphi'(x + at\cos\theta,\ y + at\sin\theta\cos\omega,\ z + at\sin\theta\sin\omega)\\
& - \varphi'(x + bt\cos\theta,\ y + bt\sin\theta\cos\omega,\ z + bt\sin\theta\sin\omega)]\, t\sin\theta d\theta d\omega.
\end{aligned}$$

Les valeurs de v, w, sont semblables.

10. On détermine φ' et ψ' par les équations (4); on peut, par leur moyen, les éliminer des valeurs de u, v, w. On a en effet

$$\frac{d.}{dt}[\varphi'(at) - \varphi'(bt)]\, t = \int_{bt}^{at} \frac{d^2.\rho\varphi'(\rho)}{d\rho^2}\, d\rho,$$

quelle que soit la fonction φ', et aussi

$$[\psi'(at) - \psi'(bt)]\, t = \int_0^t \int_{bt}^{at} \frac{d^2.\rho\psi'(\rho)}{d\rho^2}\, d\rho.$$

Si, pour appliquer ces formules à la valeur de u, on change $\varphi'(\rho)$ en

$$\varphi'(x + \rho\cos\theta,\quad y + \rho\sin\theta\cos\omega,\quad z + \rho\sin\theta\sin\omega),$$

on remarquera qu'on a

$$\frac{d^2}{d\rho^2}.\int_0^{2\pi}\int_0^{\pi} \rho\varphi'(\rho)\sin\theta d\theta d\omega = \int_0^{2\pi}\int_0^{\pi}\left[\frac{d^2.\rho\varphi'(\rho)}{dx^2} + \frac{d^2.\rho\varphi'(\rho)}{dy^2} + \frac{d^2.\rho\varphi'(\rho)}{dz^2}\right]\sin\theta d\theta d\omega;$$

et d'après les équations (4),

$$\frac{d^2\varphi'}{dx^2} + \frac{d^2\varphi'}{dy^2} + \frac{d^2\varphi'}{dz^2} = \frac{df}{dx} + \frac{df'}{dy} + \frac{df''}{dz},$$

en désignant ces diverses fonctions par leurs lettres initiales; on fera le même raisonnement pour ψ', et les deux derniers termes de u deviendront

$$\frac{1}{4\pi}\frac{d.}{dx}\int_0^t\int_{bt}^{at}\int_0^{2\pi}\int_0^{\pi}\left[\frac{dF(\rho)}{dx} + \frac{dF'(\rho)}{dy} + \frac{dF''(\rho)}{dz}\right]\rho\sin\theta d\theta d\omega d\rho dt$$
$$+ \frac{1}{4\pi}\frac{d.}{dx}\int_{bt}^{at}\int_0^{2\pi}\int_0^{\pi}\left[\frac{df(\rho)}{dx} + \frac{df'(\rho)}{dy} + \frac{df''(\rho)}{dz}\right]\rho\sin\theta d\theta d\omega d\rho,$$

où l'on a mis $f(\rho), f'(\rho)$, etc. pour

$$f(x + \rho\cos\theta,\quad y + \rho\sin\theta\cos\omega),\quad z + \rho\sin\theta\sin\omega), \text{ etc.}$$

11. Occupons-nous d'abord de réduire l'intégrale

$$\int_{bt}^{at}\int_0^{2\pi}\int_0^{\pi}\frac{d^2f}{dx^2}\,\rho\sin\theta d\theta d\omega d\rho.$$

Si l'on représente par φ une fonction quelconque de $x + \rho\cos\theta$, $y + \rho\sin\theta\cos\omega$, $z + \rho\sin\theta\sin\omega$, on aura

$$\frac{d\varphi}{\rho d\theta} + \frac{d\varphi}{dx}\sin\theta = \frac{d\varphi}{dy}\cos\theta\cos\omega + \frac{d\varphi}{dz}\cos\theta\sin\omega \qquad (6)$$

Si l'on y fait successivement $\varphi = \frac{df}{dy}$, $\varphi = \frac{df}{dz}$, et qu'on ajoute les résultats après les avoir multipliés respectivement par $\cos\omega$, $\sin\omega$, il viendra

$$\cos\theta\left(\frac{d^2f}{dy^2}\cos^2\omega + 2\,\frac{d^2f}{dydz}\sin\omega\,\cos\omega + \frac{d^2f}{dz^2}\sin^2\omega\right)$$
$$= \frac{d^2f}{dxdy}\sin\theta\cos\omega + \frac{d^2f}{dxdz}\sin\theta\,\sin\omega + \frac{d^2f}{\rho dyd\theta}\cos\omega + \frac{d^2f}{\rho dzd\theta}\sin\omega.$$

La valeur de $\frac{d^2f}{d\rho^2}$ étant

$$\frac{d^2f}{d\rho^2} = \frac{d^2f}{dx^2}\cos^2\theta + 2\,\frac{d^2f}{dxdy}\sin\theta\cos\theta\,\cos\omega + 2\,\frac{d^2f}{dxdz}\sin\theta\cos\theta\,\sin\omega$$
$$+ \frac{d^2f}{dy^2}\sin^2\theta\cos^2\omega + 2\,\frac{d^2f}{dydz}\sin^2\theta\sin\omega\cos\omega + \frac{d^2f}{dz^2}\sin^2\theta\,\sin^2\omega,$$

si l'on remplace les trois derniers termes par leur valeur précédente, elle deviendra

$$\left.\begin{array}{l}\frac{d^2f}{d\rho^2} = \frac{d^2f}{dx^2}\cos^2\theta + \frac{\sin\theta(1+\cos^2\theta)}{\cos\theta}\left(\frac{d^2f}{dxdy}\cos\omega + \frac{d^2f}{dxdz}\sin\omega\right) \\ \qquad + \frac{\sin^2\theta}{\rho\cos\theta}\left(\frac{d^2f}{dyd\theta}\cos\omega + \frac{d^2f}{dzd\theta}\sin\omega\right)\end{array}\right\}. \quad (7)$$

En faisant $\varphi = \frac{df}{dx}$ dans l'équation (6), elle donnera la valeur de

$$\frac{d^2f}{dxdy}\cos\omega + \frac{d^2f}{dxdz}\sin\omega,$$

qu'il faut substituer dans $\frac{d^2f}{d\rho^2}$; et l'on en déduit, en multipliant le résultat par $\cos^2\theta$,

$$\frac{d^2f}{dx^2} = \frac{d^2f}{d\rho^2}\cos^2\theta - \sin\theta\ (1 + \cos^2\theta)\ \frac{d^2f}{\rho dxd\theta}$$
$$- \sin^2\theta\cos\theta\,\frac{d.}{\rho d\theta}\left(\frac{df}{dy}\cos\omega + \frac{df}{dz}\sin\omega\right),$$

ou, eu égard à l'équation (6),

$$\frac{d^2f}{dx^2} = \frac{d^2f}{d\rho^2}\cos^2\theta - \sin\theta\ (1 + \cos^2\theta)\ \frac{d^2f}{\rho dxd\theta}$$
$$- \sin^2\theta\cos\theta\,\frac{d.}{\rho d\theta}\left(\frac{df}{dx}\tan\theta + \frac{df}{\rho d\theta}\cdot\frac{1}{\cos\theta}\right).$$

Il faudra ensuite multiplier cette équation par $\rho \sin\theta d\theta d\omega d\rho$ et intégrer. Le premier terme du deuxième membre s'intégrera par rapport à ρ; les autres se simplifient au moyen de l'intégration par partie. On a en effet

$$\int_0^\pi \sin^2\theta\,(1+\cos^2\theta)\,\frac{d^2f}{dx\,d\theta}\,d\theta = -4\int_0^{2\pi} \sin\theta\cos^3\theta\,\frac{df}{dx}\,d\theta,$$

$$\int_0^\pi \sin^3\theta\cos\theta\,\frac{d.}{d\theta}\left(\frac{df}{dx}\operatorname{taug}\theta + \frac{1}{\cos\theta}\,\frac{df}{\rho d\theta}\right)d\theta$$

$$= -\int_0^\pi \sin^2\theta\,(4\cos^2\theta - 1)\left(\frac{df}{dx}\operatorname{tang}\theta + \frac{1}{\cos\theta}\,\frac{df}{\rho d\theta}\right)d\theta.$$

Si l'on ajoute ces deux équations, et qu'on y substitue pour $\frac{df}{dx}$ sa valeur tirée de

$$\frac{df}{d\rho} = \frac{df}{dx}\cos\theta + \sin\theta\left(\frac{df}{dy}\cos\omega + \frac{df}{dz}\sin\omega\right),$$

ou, d'après l'équation (6),

$$\frac{df}{dx} = \frac{df}{d\rho}\cos\theta - \frac{df}{\rho d\theta}\sin\theta,$$

il viendra, pour la somme de leurs seconds membres,

$$-\int_0^\pi \left[\frac{df}{d\rho}(5\cos^2\theta - 1 - \frac{df}{\rho d\theta}\sin\theta\cos\theta\right]\sin\theta d\theta.$$

On a encore, en intégrant par partie,

$$\int_0^\pi \frac{df}{d\theta}\sin^2\theta\cos\theta d\theta = -\int_0^{2\pi} f.(3\cos^2\theta - 1)\sin\theta d\theta.$$

En réunissant ces résultats, il vient

$$\int_{bt}^{at}\int_0^{2\pi}\int_0^\pi \frac{d^2f}{dx^2}.\rho\sin\theta d\theta d\omega d\rho$$

$$= \int_{bt}^{at}\int_0^{2\pi}\int_0^\pi \left[\frac{d^2f}{d\rho^2}.\cos^2\theta + \frac{df}{d\rho}.\frac{(5\cos^2\theta - 1}{\rho} + f.\frac{(3\cos^2\theta - 1}{\rho^2}\right]\rho\sin\theta d\theta d\omega d\rho.$$

12. Passons au terme dépendant de $\frac{d^2f'}{dxdy}$. L'équation (6) donne

$$\frac{d^2f'}{dx^2}\cos^2 = \frac{\cos^3\theta}{\sin\theta}\left(\frac{d^2f'}{dxdy}\cos\omega + \frac{d^2f'}{dxdz}\sin\omega\right) - \frac{\cos^2\theta}{\sin\theta}\cdot\frac{d^2f'}{\rho dxd\theta};$$

l'équation

$$\frac{df'}{\rho d\omega} = \sin\theta\left(\frac{df'}{dz}\cos\omega - \frac{df'}{dy}\sin\omega\right)$$

donne aussi

$$\frac{d^2f'}{dxdy}\cos\omega + \frac{d^2f'}{dxdz}\sin\omega = \frac{1}{\cos\omega}\cdot\frac{d^2f'}{dxdy} + \frac{\operatorname{tang}\omega}{\sin\theta}\cdot\frac{d^2f'}{\rho dxd\omega}.$$

On substituera ces deux quantités dans l'équation (7), et l'on en tirera ensuite

$$\frac{d^2f'}{dxdy} = \frac{d^2f'}{d\rho^2}\sin\theta\cos\theta\cos\omega - \frac{\sin^3\theta\cos\omega}{\rho}\left(\frac{d^2f'}{dyd\theta}\cos\omega + \frac{d^2f'}{dzd\theta}\sin\omega\right)$$
$$+ \frac{\cos^3\theta\cos\omega}{\rho}\cdot\frac{d^2f'}{dxd\theta} - \frac{\sin\omega}{\rho\sin\theta}\cdot\frac{d^2f'}{dxd\omega}.$$

On devra multiplier cette équation par $\rho\sin\theta d\theta d\omega d\rho$ et intégrer; mais on a

$$-\int_0^{2\pi}\frac{d^2f'}{dxd\omega}\sin\omega d\omega = \int_0^{2\pi}\frac{df'}{dx}\cos\omega d\omega,$$
$$\int_0^{\pi}\frac{d^2f'}{dxd\theta}\cos^3\theta\sin\theta d\theta = \int_0^{\pi}\frac{df'}{dx}\cos^2\theta\,(3 - 4\cos^2\theta)\,d\theta,$$
$$-\int_0^{\pi}\frac{d.}{d\theta}\left(\frac{df'}{dy}\cos\omega + \frac{df'}{dz}\sin\omega\right)\sin^4\theta\cos\omega d\theta = 4\int_0^{\pi}\left(\frac{df'}{\rho d\theta} + \frac{df'}{dx}\sin\theta\right)\sin^3\theta\cos\omega d\theta,$$
$$4\int_0^{\pi}\frac{df'}{\rho d\theta}\sin^3\theta\cos\omega d\theta = \frac{-12}{\rho}\int_0^{\pi} f'\sin^2\theta\cos\theta\cos\omega d\theta.$$

Le terme contenant $\frac{df'}{dx}$ sera

$$\int_0^{\pi} 5\,\frac{df'}{dx}\sin^2\theta\cos\theta\cos\omega d\theta,$$

et l'on y devra faire

$$\frac{df'}{dx} = \frac{df'}{d\rho}\cos\theta - \frac{df'}{\rho d\theta}\sin\theta.$$

Or, on a

$$-\int_0^\pi 5\sin^3\theta\cos\omega\frac{df'}{\rho d\theta}\,d\theta=\frac{15}{\rho}\int_0^\pi f'\sin^2\theta\cos\theta\cos\omega.$$

En réunissant ces résultats, on trouve

$$\int_{bt}^{at}\int_0^{2\pi}\int_0^\pi\frac{d^2f'}{dxdy}\cdot\rho\sin\theta d\theta d\omega d\rho$$
$$=\int_{bt}^{at}\int_0^{2\pi}\int_0^\pi\left(\frac{d^2f'}{d\rho^2}+5\frac{df'}{\rho d\rho}+3\frac{f'}{\rho^2}\right)\rho\sin^2\theta\cos\theta\cos\omega d\theta d\omega d\rho.$$

On aura de même

$$\int_{bt}^{at}\int_0^{2\pi}\int_0^\pi\frac{d^2f''}{dxdz}\rho\sin\theta d\theta d\omega d\rho$$
$$=\int_{bt}^{at}\int_0^{2\pi}\int_0^\pi\left(\frac{d^2f''}{d\rho^2}+5\frac{df''}{\rho d\rho}+3\frac{f''}{\rho^2}\right)\rho\sin^2\theta\cos\theta\sin\omega d\theta d\omega d\rho.$$

13. Si l'on fait, pour abréger,

$$\cos\theta f+\sin\theta\cos\omega f'+\sin\theta\sin\omega f''=\varphi(\rho),$$

il viendra

$$\int_{bt}^{at}\int_0^{2\pi}\int_0^\pi\frac{d.}{dx}\left(\frac{df}{dx}+\frac{df'}{dy}+\frac{df''}{dx}\right)\rho\sin\theta d\theta d\omega d\rho$$
$$=\int_{bt}^{at}\int_0^{2\pi}\int_0^\pi\left[\frac{d^2\varphi}{d\rho^2}\cos\theta+\frac{d.(5\varphi\cos\theta-f)}{\rho d\rho}+\frac{3\varphi\cos\theta-f)}{\rho^2}\right]\rho\sin\theta d\theta d\omega d\rho$$
$$=\int_{bt}^{at}\int_0^{2\pi}\int_0^\pi\left[\frac{d^2.\rho\varphi}{d\rho^2}\cos\theta+\frac{d(3\varphi\cos\theta-f)}{d\rho}+\frac{3\varphi\cos\theta-f}{\rho}\right]\sin\theta d\theta d\omega d\rho$$
$$=\frac{d.}{dt}t[\varphi_1(at)-\varphi_1(bt)]+\varphi_2(at)-\varphi_2(bt)+\int_{bt}^{at}\frac{\varphi_2(\rho)}{\rho}d\rho,$$

en faisant

$$\varphi_1(\rho)=\int_0^{2\pi}\int_0^\pi\varphi(x+\rho\cos\theta,y+\rho\sin\theta\cos\omega,z+\rho\sin\theta\sin\omega)\cos\theta\sin\theta d\theta d\omega,$$
$$\varphi_2(\rho)=\int_0^{2\pi}\int_0^\pi[3\varphi(\rho)\cos\theta-f(\rho)]\sin\theta d\theta d\omega.$$

Les termes dépendant des vitesses initiales se déduisent de ceux-ci, en y changeant partout f, f', f'', en F, F', F'', multipliant par dt, et intégrant de zéro à t; en faisant donc

$$\psi(\rho) = \cos\theta\, F(\rho) + \sin\theta \cos\omega\, F'(\rho) + \sin\theta \sin\omega\, F''(\rho),$$

$$\psi_1(\rho) = \int_0^{2\pi}\int_0^{\pi} \psi(x+\rho\cos\theta, y+\rho\sin\theta\cos\omega, z+\rho\sin\theta\sin\omega)\cos\theta\sin\theta d\theta d\omega,$$

$$\psi_2(\rho) = \int_0^{2\pi}\int_0^{\pi} [3\psi(\rho)\cos\theta - F(\rho)]\sin\theta d\theta d\omega,$$

les termes analogues à ceux que nous avons trouvés seront

$$t[\psi_1(at) - \psi_1(bt)] + \int_0^t [\psi_2(at) - \psi_2(bt)]dt + \int_0^t \int_{bt'}^{at'} \frac{\psi_2(\rho)}{\rho} d\rho dt'.$$

On aura enfin, pour la valeur totale de u,

$$4\pi u = \int_0^{2\pi}\int_0^{\pi} F(x+bt\cos\theta, y+bt\sin\theta\cos\omega, z+bt\sin\theta\sin\omega)\, t\sin\theta d\theta d\omega$$

$$+ \frac{d.}{dt}\int_0^{2\pi}\int_0^{\pi} f(x+bt\cos\theta, y+\sin\theta\cos\omega, z+\sin\theta\sin\omega)\, t\sin\theta d\theta d\omega$$

$$+ \varphi_2(at) - \varphi_2(bt) + t[\psi_1(at) - \psi_1(bt)] + \frac{d.}{dt}\, t[\varphi_1(at) - \varphi_1(bt)]$$

$$+ \int_0^t [\psi_2(at') - \psi_2(bt')]dt' + \int_{bt}^{at} \frac{\varphi_2(\rho)}{\rho} d\rho + \int_0^t \int_{bt'}^{at'} \frac{\psi_2(\rho)}{\rho} d\rho dt'.$$

Les expressions de v, w, s'en déduisent facilement par des changements de lettres.

14. Supposons que, pour $t = 0$, tous les points des corps ne soient pas déplacés, mais seulement ceux qui sont compris dans un espace fini et fermé, que nous nommerons A;

Les fonctions f, f', etc., n'auront une valeur différente de 0 que pour les points compris dans cet espace.

Or, dans le premier terme de la valeur de u, on peut remarquer que les quantités

$$x + bt\cos\theta, \quad y + bt\sin\theta\cos\omega, \quad z + bt\sin\theta\sin\omega,$$

sont des points quelconques de la surface d'une sphère dont le rayon est bt et le centre a pour coordonnées x, y, z. La fonction F sera nulle pour tous les points de cette surface qui ne se trouveront pas compris dans l'espace A; si l'on nomme ρ_1, ρ_2, les distances minima et maxima du point (x, y, z) à la surface qui termine A, le mouvement commencera quand $t = \frac{\rho_1}{b}$ et cessera pour $t = \frac{\rho_2}{b}$.

L'élément différentiel de la surface de la sphère est

$$b^2 t^2 \sin\theta d\theta d\omega.$$

En le désignant par $d\sigma$, le premier terme de u devient

$$\frac{1}{b^2 t}\int_0^{2\pi}\int_0^{\pi} \mathrm{F}(x + bt\cos\theta,\ y + bt\sin\theta\cos\omega,\quad z + bt\sin\theta\sin\omega)\, d\sigma,$$

et les deux intégrations ne s'étendent qu'à la partie de la surface comprise dans A. Si l'on désigne par σ la grandeur de cette partie, le déplacement moyen de ses points sera

$$\frac{1}{4\pi}\cdot\frac{\int_0^{2\pi}\int_0^{\pi}\mathrm{F}d\sigma}{\sigma}.$$

Si on le nomme u_1, le premier terme de u devient

$$\frac{u_1\sigma}{b^2 t}.$$

Lorsque ρ_1, ρ_2, sont très grands par rapport aux dimensions de A, il est aisé de voir que l'onde a la forme d'une couche sphérique d'épaisseur égale à $\rho_2 - \rho_1$; si l'on considère les déplacements qui ont lieu sur les divers points d'une normale à cette couche, ils suivent, en allant de la sphère extérieure à l'intérieure, la même loi de variation que le produit des différentes sections faites dans l'espace A par un plan perpendiculaire à ρ_1, multipliées par la moyenne des déplacements de leurs points suivant le même axe. D'ailleurs tous ces déplacements, gardant entre eux les mêmes rapports, décroîtront en raison inverse du temps.

Tout ceci ne s'applique qu'au premier terme de u. Il est certains cas où tous les autres sont nuls : cela a lieu quand les vitesses et les condensations initiales sont nulles à la fois, par exemple si l'on fait

$$u = \frac{y}{z}\,v, \quad v = -\frac{x}{z}\,v, \quad w = 0, \quad z^2 = x^2 + y^2,$$

et que v soit fonction de z seulement; dans ce cas on fait subir au corps une torsion autour de l'axe des z.

Si dans le second terme de $4\pi u$, on effectue la différentiation, la loi de propagation qui s'y rapporte se trouve comme ci-dessus. Pour le terme

$$\int_0^{2\pi}\int_0^{\pi} f(x + bt\cos\theta,\; y + bt\sin\theta\cos\omega,\; z + bt\sin\theta\sin\omega)\sin\theta d\theta d\omega,$$

le décroissement sera en raison inverse du carré de la distance, et la partie du mouvement qui en dépend disparaîtra rapidement; il en sera de même des termes $\varphi_2(at) - \varphi_2(bt)$, $\varphi_1(at) - \varphi_1(bt)$; seulement leurs premières parties se rapportent à une deuxième onde sonore, située à la distance at du centre d'ébranlement.

Le terme $\int_0^t \psi_2(at')\,dt'$ est nul quand $\rho_1 > at$; et quand $\rho_2 < at$, il est indépendant de t; l'intégrale s'étendant à tout l'espace A, ne dépend que de x, y, z; il en est de même de $\int_0^t \psi_2(bt')dt'$.

De la sorte, après le passage de l'onde sonore, les points ne reprennent pas leur position primitive, mais deviennent immobiles; ces déplacements constants, et ceux qui ont lieu dans l'onde, décroissent en raison inverse du carré de la distance; en effet

$$\int_0^t \psi_2(at')\,dt' = \frac{1}{a}\int_0^{at} \psi_2(\rho)d\rho,$$

et

$$\int_0^{at} \psi_2(\rho)d\rho = \int_0^{2\pi}\int_0^{\pi}\int_0^{at} [3\psi(\rho)\cos\theta - F(\rho)]\frac{d\lambda}{\rho^2},$$

en nommant $d\lambda$ la différentielle du volume, qui est $= \rho^2 d\rho \sin\theta d\theta d\omega$.

Si λ est le volume de A, et ψ' la valeur moyenne de $3\psi(\rho)\cos\theta - F(\rho)$, on aura, à très peu près,

$$\int_0^{at} \psi_2(\rho)d\rho = \frac{\lambda\psi'}{\rho_1^2}.$$

Le terme $\int_{bt}^{at} \frac{\varphi_2(\rho)}{\rho}\, d\rho$ est nul pour $\rho_1 > at$, et pour $\rho_2 < bt$. De plus, quand les deux quantités ρ_1, ρ_2, seront comprises entre bt et at, la valeur de ce terme sera indépendante de t; et l'on verra de la même manière que ci-dessus, qu'il décroît en raison de $\frac{1}{\rho_1^3}$.

Le dernier terme

$$\int_0^t \int_{bt'}^{at'} \frac{\psi_2(\rho)}{\rho}\, d\rho dt' = t \int_{bt}^{at} \frac{\psi_2(\rho)}{\rho}\, d\rho - \int_0^t [\psi_2(at') - \psi_2(bt')]\, dt' :$$

il est de l'ordre de $\frac{1}{\rho_1^2}$.

Les termes qui décroissent en raison inverse de la distance ou du temps, forment la partie principale de u, v, w; les termes de cet ordre ne produisent aucun déplacement constant entre les ondes. Lorsque ρ_1 est très grand, les angles θ et ω varient très peu dans l'étendue des intégrations; on peut les supposer constants hors des fonctions f, F, etc. De cette manière, M. Poisson a découvert un fait important, savoir : que dans l'onde dont la vitesse de propagation est a, les déplacements principaux ont lieu suivant la normale à l'onde, tandis que dans celle dont la vitesse de propagation est b, les vibrations sont comprises dans le plan tangent à l'onde, perpendiculairement au rayon vecteur mené du centre de l'ébranlement.

On vérifie, en effet, en ne conservant que les termes principaux, que les parties de u, v, w contenant at sont proportionnelles à $\cos\theta$, $\sin\theta \cos\omega$, $\sin\theta \sin\omega$; et que la somme de celles qui contiennent bt, multipliées respectivement par $\cos\theta$, $\sin\theta \cos\omega$, $\sin\theta \sin\omega$, est nulle.

Ces résultats sont applicables à la théorie de la lumière, quand on la regarde comme le résultat des vibrations de l'éther; on suppose alors que ces vibrations sont celles de la deuxième onde : elles s'exécutent dans un faisceau de rayons lumineux, perpendiculairement à sa direction, et si de plus elles sont toutes dans le même sens, le faisceau est polarisé dans ce sens. Par là s'expliquent les phénomènes divers que présentent les interférences, suivant le sens de la polarisation. On voit que l'éther lumineux ne doit point être assimilé à un fluide, mais à un corps solide; en effet, la première onde seule se propage dans les fluides.

15. Quand le corps est terminé par une surface, les formules du mouvement sont extrêmement compliquées, même dans les cas les plus simples. Dans le cas d'un corps indéfini, l'une des deux ondes pouvait exister seule, quand on soumettait l'état initial à des conditions convenables. Il n'en est plus de même dès que le son arrive à une surface libre; c'est ce que nous allons démontrer.

Pour que la première onde existe seule, il faut qu'on ait, au commencement du mouvement,

$$\frac{du}{dy}-\frac{dv}{dx}=0,\quad \frac{du}{dz}-\frac{dw}{dx}=0,\quad \frac{dv}{dz}-\frac{dw}{dy}=0,\qquad (8)$$

et leurs différentielles premières par rapport à t.

Pour que la seconde existe seule, on doit avoir, à la même époque,

$$\frac{du}{dx}+\frac{dv}{dy}+\frac{dw}{dz}=0,\quad \frac{d^2u}{dtdx}+\frac{d^2v}{dtdy}+\frac{d^2w}{dtdz}=0.\qquad (9)$$

Ces deux conditions sont d'ailleurs suffisantes, et il est facile de les vérifier, quel que soit t, en les supposant établies entre les valeurs initiales de u, v, w. Dans le premier cas il ne restera que des termes en at, et dans le second en bt.

Supposons maintenant que le corps soit terminé par le plan de xy, et situé du côté des z positifs. Nous allons voir que les quantités

$$\frac{du}{dx}+\frac{dv}{dy}+\frac{dw}{dz},\quad \frac{du}{dy}-\frac{dv}{dx},\ \text{etc.},$$

ne pourront pas, en général, être nulles pendant toute la durée du mouvement.

Supposons nulle la pression extérieure : les équations à la surface seront

$$\frac{du}{dz}+\frac{dw}{dx}=0,\quad \frac{dv}{dz}+\frac{dw}{dy}=0,\quad 3\frac{dw}{dz}+\frac{dv}{dy}+\frac{du}{dx}=0.\qquad (10)$$

Elles auront lieu pour $z=0$, quels que soient x, y, t.

Les conditions (8), si elles ont lieu quel que soit t, exigent qu'on ait

$$u = \frac{d\varpi}{dx}, \quad v = \frac{d\varpi}{dy}, \quad w = \frac{d\varpi}{dz},$$

ϖ étant fonction de x, y, z, t. Cette dernière est développable en une suite de termes de la forme

$$Z \cos \delta,$$

Z étant une fonction de z seul, α, β, λ, x', y', t', des constantes quelconques, et

$$\delta = \alpha (x - x') + \beta (y - y') + \lambda (t - t').$$

Les termes correspondants de u, v, w, savoir,

$$-\alpha Z \sin \delta, \quad -\beta Z \sin \delta, \quad \frac{dZ}{dz} \cos \delta,$$

doivent satisfaire isolément aux équations ( ) et à celles du mouvement. Les premières donnent

$$\frac{d^2 Z}{dz^2} + (\lambda^2 - \alpha^2 - \beta^2) Z = 0,$$

d'où l'on tire, en désignant par A et B deux constantes arbitraires, et faisant $\lambda^2 - \alpha^2 - \beta^2 = \rho^2$,

$$Z = A \cos \rho z + B \sin \rho z.$$

Les équations ( ) qui ont lieu pour $z = 0$, donneraient $A = B = 0$. Ainsi les relations ( ) peuvent avoir lieu seulement avant l'ébranlement des molécules de la surface.

Il en est de même de l'équation ( ). Pour le vérifier, faisons

$$u = (A \cos \rho z + A' \sin \rho z) \cos \delta, \quad v = (B \cos \rho z + B' \sin \rho z) \cos \delta,$$
$$w = (C \cos \rho z + C' \sin \rho z) \sin \delta,$$

δ étant la même quantité que ci-dessus, et ρ, A, B, etc., des constantes. Il viendra six équations entre ces constantes. On aura pour ρ quatre valeurs, dont il suffira de prendre les deux positives, savoir :

$$\rho = \sqrt{\lambda^2 - \alpha^2 - \beta^2}, \quad \rho = \sqrt{3\lambda^2 - \alpha^2 - \beta^2}.$$

Si l'on ajoute les termes correspondants, après avoir réduit les autres constantes au plus petit nombre possible, il vient, en faisant

$$\rho = \sqrt{3\lambda^2 - \alpha^2 - \beta^2} = \rho',$$

et désignant par L, M, N, L', M', N', des constantes arbitraires,

$$u = \left(\frac{L\alpha}{\rho} \cos \rho z + \frac{L'\alpha}{\rho} \sin \rho z + M \cos \rho' z + M' \sin \rho' z\right) \cos \delta,$$

$$v = \left(\frac{L\beta}{\rho} \cos \rho z + \frac{L'\beta}{\rho} \sin \rho z + N \cos \rho' z + N' \sin \rho' z\right) \cos \delta,$$

$$w = \left(L' \cos \rho z - L \sin \rho z + \frac{\alpha M + \beta N}{\rho'} \sin \rho' z - \frac{\alpha M' + \beta N'}{\rho'} \cos \rho' z\right) \sin \delta.$$

Les équations ( ) réduisent ces valeurs à celles-ci, où A, B, C, sont des constantes quelconques,

$$u = \left[A \cos \rho' z + \alpha C\left(\frac{\sin \rho z}{\rho} - \frac{2\rho'}{l} \sin \rho' z\right) + \frac{2\alpha}{l} (\alpha A + \beta B) \cos \rho z\right] \cos \delta,$$

$$v = \left[B \cos \rho' z + \beta C\left(\frac{\sin \rho z}{\rho} - \frac{2\rho'}{l} \sin \rho' z\right) + \frac{2\beta}{l} (\alpha A + \beta B) \cos \rho z\right] \cos \delta,$$

$$w = \left\{C\left[\cos \rho z + \frac{2(\alpha^2 + \beta^2)}{l} \cos \rho' z\right] + (\alpha A + \beta B)\left(\frac{\sin \rho' z}{\rho'} - \frac{2\rho}{l} \sin \rho z\right)\right\} \sin \delta,$$

où l'on a fait

$$l = 3\rho^2 + \alpha^2 + \beta^2 = 3\lambda^2 - 2\alpha^2 - 2\beta^2.$$

On en tire

$$\frac{du}{dx} + \frac{dv}{dy} + \frac{dw}{dz} = -\lambda^2 \left[\frac{2}{l} (\alpha A + \beta B) \cos \rho z + \frac{C}{\rho} \sin \rho z\right] \sin \delta.$$

Cette quantité ne peut être nulle pour toutes les valeurs positives de z, à moins qu'on n'ait

$$\alpha A + \beta B = 0, \quad C = 0.$$

Il s'ensuivrait

$$w = 0, \quad \frac{du}{dx} + \frac{dv}{dy} = 0.$$

Il n'y a donc qu'un cas particulier dans lequel la deuxième onde puisse rester isolée : c'est celui où les vibrations s'exécutent parallèlement à la surface plane et sans changement de densité, puisque $\frac{du}{dx} + \frac{dv}{dy}$ est la condensation.

16. Si l'on suppose que la surface plane d'un corps soit choquée par un autre corps de forme quelconque, l'ébranlement résultera des forces émanant de chaque molécule du corps choquant. Nommons à un instant quelconque x_1, y_1, z_1, des coordonnées d'une de ces molécules ; x, y, z, étant toujours celles d'une molécule du corps choqué. Faisons de plus

$$\rho^2 = (x - x_1)^2 + (y - y_1)^2 + (z - z_1)^2 ;$$

et nommons $\varphi(\rho)$ l'intensité de l'action exercée suivant la distance ρ entre les deux molécules. Les composantes de l'action totale du corps choquant sur une molécule de l'autre seront

$$\sum m\varphi(\rho).\frac{x - x_1}{\rho}, \quad \sum m\varphi(\rho).\frac{y - y_1}{\rho}, \quad \sum m\varphi(\rho).\frac{z - z_1}{\rho},$$

en nommant m la masse d'une molécule du corps choquant, et étendant les sommes Σ à toutes ces molécules. Si l'on fait en outre

$$\int \varphi(\rho) d\rho = f(\rho), \quad \Sigma mf(\rho) = \mathrm{V},$$

ces trois forces deviendront

$$\frac{d\mathrm{V}}{dx}, \quad \frac{d\mathrm{V}}{dy}, \quad \frac{d\mathrm{V}}{dz}.$$

Pendant le choc, la quantité V changera à chaque instant de valeur ; en d'autres termes, elle sera fonction de x, y, z, et t. Pendant l'instant dt, chaque molécule du corps choqué recevra une impulsion qui augmentera les composantes de la vitesse de

$$\frac{dV}{dx}\,dt,\quad \frac{dV}{dy}\,dt,\quad \frac{dV}{dz}\,dt.$$

Les vibrations produites par ces vitesses, d'après le principe de la superposition des petits mouvements, se propageront séparément d'après les lois que nous avons exposées, et s'ajouteront les unes aux autres. On devra supposer, au commencement, u, v et w nuls dans chacun de ces mouvements partiels; et les vitesses initiales étant les trois coefficients différentiels d'une même fonction par rapport à x, y, z, il est facile de voir que l'onde directe sera unique et d'une vitesse a. Mais l'ébranlement se propageant le long de la surface plane ou atteignant d'autres surfaces du corps choqué, donnera naissance à une autre onde de vitesse $b = \frac{a}{\sqrt{3}}$. Cette dernière doit être affaiblie par les réflexions, et paraît d'ailleurs être insensible, puisque, dans la nature, la réflexion du son produit une seule onde sonore. Elle peut cependant contribuer à prolonger le son et à lui donner moins de netteté. Effectivement, le son produit par un choc a bien plus de durée que ce choc lui-même, et ce n'est pas le résultat de la transmission du son entre le corps et l'atmosphère. En revanche, nous allons voir que cette transmission modifie la longueur des ondes sonores, ce qui était facile à prévoir, et en outre la vitesse des molécules. Nous examinerons le cas le plus simple, celui où toutes les vibrations s'exécutent dans le même sens, perpendiculairement au plan de séparation, et ne dépendent que de leur distance à ce plan.

17. Prenant le plan de séparation pour celui de y, z, nous aurons

$$v = 0,\quad w = 0;$$

toutes les différences partielles $\frac{du}{dy}$, $\frac{du}{dz}$, $\frac{dv}{dy}$, etc., seront nulles.

Nommons P la pression du fluide extérieur dans l'état d'équilibre; en supposant la température uniforme, la densité le sera aussi, et nous la désignerons par D : celle du corps est égale à ρ.

L'équation du mouvement dans le corps sera

$$\frac{d^2u}{dt^2} = a^2 \frac{d^2u}{dx^2},$$

en faisant

$$a^2 = -\left(\frac{P + 3N}{\rho}\right);$$

la quantité N est la même que dans les équations (F).

Cette équation aura lieu seulement pour $x > 0$, le corps étant situé du côté des x positives. On sait d'ailleurs qu'en nommant v la vitesse des molécules du fluide, s la condensation, son mouvement sera déterminé par les équations

$$v = \frac{d\varphi}{dx}, \quad \frac{d^2\varphi}{dt^2} = b^2 \frac{d^2\varphi}{dx^2}, \quad s = -\frac{1}{b^2}\frac{d\varphi}{dt}.$$

On a ici

$$b^2 = \frac{P\delta}{D},$$

en désignant par δ le rapport de la chaleur spécifique du fluide sous une pression constante, à celle sous un volume constant: ces dernières relations ont lieu quand $x < 0$; il en est encore d'autres relatives à la surface; dans tous ses points les écartements des molécules, leurs vitesses et les pressions intérieures doivent être les mêmes dans le corps solide et le fluide. Il en résulte, pour $x = 0$,

$$\frac{d\varphi}{dx} = \frac{du}{dt}, \quad h\frac{du}{dx} = \frac{d\varphi}{dt},$$

en faisant

$$h = -\frac{P + 3N}{D},$$

et remarquant que les pressions intérieures du corps et du fluide sont

$$P + (P + 3N)\frac{du}{dx}, \quad \text{et} \quad P(1 + \delta s) = P - D\frac{d\varphi}{dt}.$$

Les quantités a et b sont les vitesses de propagation du son dans les deux milieux ; on a aussi

$$h = \frac{\rho a^2}{D},$$

et la quantité h est très grande, comme le rapport $\frac{\rho}{D}$.

Les valeurs générales de u et φ sont

$$u = f(x + at) + f_1(x - at), \quad \varphi = F(x + bt) + F_1(x - bt);$$

f, f_1, F, F_1 étant des fonctions arbitraires; nous désignerons leurs dérivées par f', f'_1, etc. Les équations à la surface donnent

$$a\,[f'(at) - f'_1(-at)] = F'(bt) + F'_1(-bt),$$
$$\frac{h}{b}\,[f'(at) + f'_1(-at)] = F'(bt) - F'_1(-bt).$$

Nous allons examiner séparément les deux cas où l'ébranlement prend naissance dans le corps ou dans le fluide.

18. S'il part du corps, on aura, en faisant $t = 0$, et nommant $\varphi(x)$, $\varphi_1(x)$ les valeurs initiales de u et $\frac{du}{dt}$,

$$\varphi(x) = f(x) + f_1(x), \quad \frac{1}{a}\,\varphi_1(x) = f'(x) - f'_1(x),$$
$$F'(x) = 0, \quad F'_1(x) = 0.$$

Les deux premières équations ont lieu pour $x > 0$, les deux autres pour $x < 0$.

Les équations à la surface, dans lesquelles on devra faire $F'_1(-bt) = 0$, donneront

$$f'_1(-z)\,\frac{a - \frac{h}{b}}{a + \frac{h}{b}}\,f'(z), \quad F'(z) = \frac{2}{\frac{1}{a} + \frac{b}{h}}\,f'\!\left(\frac{a}{b}\,z\right),$$

en désignant par z une quantité positive quelconque. Multipliant la première de ces équations par dz, et intégrant entre o et z, il vient

$$f_1(-z)=f_1(0)-\frac{a-\frac{h}{b}}{a+\frac{h}{b}}[f(z)-f(0)].$$

On tire d'ailleurs des conditions initiales, en faisant

$$\int_0^x \varphi_1(x)\,dx=\varphi_2(x),$$

changeant x en z, et désignant par c une constante arbitraire,

$$f(z)=\frac{1}{2}\varphi(z)+\frac{1}{2a}\varphi_2(z)+c,\quad f_1(z)=\frac{1}{2}\varphi(z)-\frac{1}{2a}\varphi_2(z)-c.$$

Il en résulte, en supposant

$$\varphi(0)=0,\quad \varphi_1(0)=0,\quad \frac{a-\frac{h}{b}}{a+\frac{h}{b}}=-m,$$

$$f_1'(-z)=-c+\frac{m}{2}\left[\varphi(z)+\frac{\varphi_2(z)}{a}\right],\quad F'(z)=\frac{a}{1+\frac{ab}{h}}\left[\varphi'\left(\frac{a}{b}z\right)+\frac{1}{a}\varphi_1\left(\frac{a}{b}z\right)\right].$$

En substituant ces valeurs dans les expressions

$$u=f(x+at)+f_1(x-at),\quad v=F'(x+bt),\quad s=-\frac{v}{b},$$

on trouve que de l'ébranlement naissent simultanément deux ondes; l'une correspondant, au terme

$$\frac{1}{2}\varphi(x-at)-\frac{1}{2a}\varphi_2(x-at),$$

en y supposant $x>at$, se propage dans le sens des x positifs, en s'éloignant de la surface; l'autre, correspondant au terme

$$\frac{1}{2}\varphi(x+at)+\frac{1}{2a}\varphi_2(x+at),$$

se rapproche de cette surface et s'y réfléchit. Les ébranlements et les vitesses de l'onde réfléchie sont à ceux de l'onde directe comme m est à 1; elles sont donc à très peu près égales, à cause de la grandeur de $\frac{h}{b}$. Pour la même raison, la vitesse des molécules, dans l'onde transmise dans le fluide, est à peu près la même que dans l'onde directe. Les longueurs de ces deux ondes sont entre elles comme b et a.

19. Quand l'ébranlement part du fluide, on a

$$f'(at) = 0.$$

On tire des équations à la surface,

$$F'(z) = \frac{\frac{b}{h} - \frac{1}{a}}{\frac{b}{h} + \frac{1}{a}} F'(z), \quad f'_1(-z) = \frac{-2}{\frac{h}{b} + a} F'_1\left(-\frac{b}{a} z\right).$$

Si l'on a, à l'origine,

$$v = \psi(x), \quad s = \psi_1(x),$$

on en déduit, en remarquant que ces équations ont lieu pour $x < 0$, et supposant $z > 0$,

$$F'(-z) = \frac{1}{2} \psi(-z) - \frac{b}{2} \psi_1(-z) + c,$$
$$F'_1(-z) = \frac{1}{2} \psi(-z) + \frac{b}{2} \psi_1(-z) - c,$$

c étant une constante arbitraire.

On voit immédiatement qu'il y a deux ondes comme dans l'autre cas; que l'une de ces ondes, arrivée à la surface du corps, se réfléchit. L'onde réfléchie est à peu près égale en intensité à l'onde directe; mais dans l'onde transmise à l'intérieur du corps solide, les vitesses des molécules seront diminuées dans le rapport de h à ba, ou de ρa à bD. La longueur de l'onde sonore aura varié dans le rapport de b à a.

Si le corps est terminé par une autre surface plane, pressée par un gaz, le son transmis, arrivant à cette surface, se partagera en deux autres, en suivant les lois que nous avons examinées. L'intensité du son qui rentre dans le fluide après avoir été réfléchi à la deuxième surface de la paroi solide, est très faible, et il en est de même de celui qui traverse cette seconde surface. Les vitesses propres des molécules, par la transmission au travers de la paroi, sont diminuées, à peu près, dans le rapport de Db à ρa. Cette loi est aussi celle que suit la propagation du son à travers l'air renfermé dans un conduit cylindrique, quand il est interrompu par un diaphragme. L'affaiblissement du son dépend alors de la matière de ce diaphragme, mais non de son épaisseur.

IMPRIMERIE DE BACHELIER,
RUE DU JARDINET, N° 12 (Décembre 1839.)

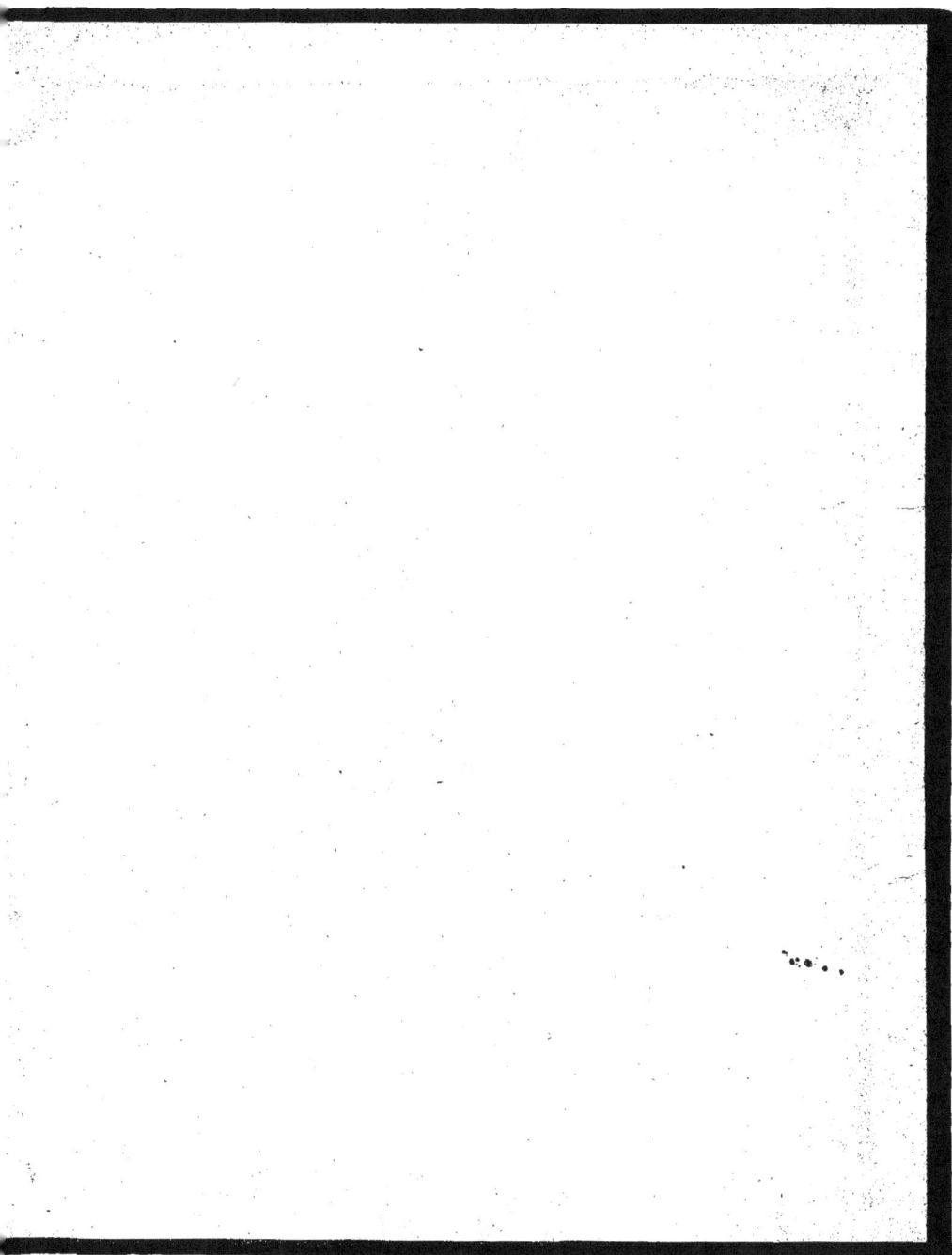

www.ingramcontent.com/pod-product-compliance
Lightning Source LLC
Chambersburg PA
CBHW071427200326
41520CB00014B/3598
9782019556914